U0018675

# 科學驚奇探索漫畫 2
### SCIENCE WONDER QUEST

# 昆蟲世界大逃脫

審閱
東京農業大學教授
**岡島秀治**

漫畫
**ミクニシン**

譯者
楊明綺

晨星出版

CONTENTS

目錄

一決勝負！

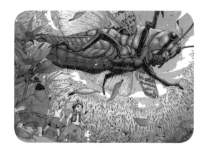

人物介紹

大和 ▶

是個樸實乖巧的男孩子，
但一提到昆蟲的事，
就變得很興奮，
和平常在教室判若兩人，
豐富的昆蟲知識是他的強力武器！
這趟冒險之旅能讓他培養出積極的
行動力，以及夥伴情誼嗎?!

◀ 可羅納

為了進行調查而來到地球的奇異生物。
以地球人沒有的不可思議能力，
將自己以及大和等人，
變成昆蟲般大小。
何時才能回到太空船，變回原來的大小呢？
來地球之前，就已經預習很多關於地球的事
（雖然有些是錯的……）。

**桃代** ▶

班上所有男生心目中的女神，
雖然身為委員長的她很有正
義感又能幹，
但力氣大這一點
也讓男生害怕。
最討厭昆蟲的她能在
這趟冒險之旅中，
變得不再害怕昆蟲嗎？

◀ **小健**

班上最有活力的老大，
雖然有勇氣又有行動力，
但有點粗魯莽撞。
藉由這趟冒險之旅，
能讓原本對昆蟲一點也沒興趣的他，
瞭解牠們的厲害之處，
從此改觀嗎？

第 1 章

## 從天而降的「冒險」?!

隔天
放學後——

終於下課啦！

哇啊啊啊！

喂～
我們去
踢足球吧!!

好啊!!

還是去
確認一下
吧!!

好！

喂！大和。
你要去哪？

回頭

小知識 昆蟲從卵變成幼蟲的過程，稱為「孵化」。

小知識 昆蟲從幼蟲、蛹，變態為成蟲的過程，稱作「羽化」。

你們就別管我了。

我喜歡自己一個人……

不希望別人覺得我很可憐……

驚

你的想法還真是消極耶！

不要這麼說啦！

瞪！

大和的運動神經不好，卻很喜歡蟲子這種噁心的東西。

雖然我完全無法理解就是了。

打擊！

打擊！

所以就尊重他的喜好囉！

但這也是他的特點囉！

講話有夠毒……

 小知識　雖然大部分昆蟲都有翅膀，但像是羽蝨、牛蝨子、跳蚤、原尾蟲、雙尾蟲、跳蟲、衣魚等，就沒有翅膀，這些都是小型昆蟲。

13

人呢？
怎麼
不見了?!

咦？

跑……
跑去
哪裡了?!

今天一定要找
昨天晚上看到的
那個發光體。

小健也真是的，

真會
強人所難……。

喀沙

喀沙

發光體……？
那小子不是在找
蟲子嗎？

我們到底要
跟蹤到
什麼時候啊？

難不成
他是在找
吃的嗎？

我看是你
肚子餓了吧！

那他到底在
找什麼？

東張
西望

的確教人
很好奇呢
……。

啊!!
這是
……。

哦？
你找到
什麼？

突然

不好意思，
我也
很好奇！

啊？

 小知識　梅雨季過後就會出現的蟪蛄，因為脫去的殼沾滿泥土，所以很好辨認。

15

蟬脫下的殼……？

啊……
小健、桃代……
你們要看嗎？

才不要呢！
別靠近我！♪

嘿嘿～
這樣如何啊？♪

嚇！

討厭啦～
蟲子好可怕！

妳才可怕吧?!

對了，
這是油蟬的殼哦！

油蟬的幼蟲
會在土裡待個
3～4年。

3～4年
這麼久？

沒錯！你們看，
牠的前腳很發達，
是吧？

這是為了能在
土裡自由活動
的關係。

興奮

興奮

而且啊，
幼蟲會在土裡
反覆脫殼……。

啊……別……
別再靠近了。

今晚一定也有很多蟬的幼蟲從土裡鑽出來……

進行羽化!!

拜託～
我才不想看
這種事……

這是什麼啊？

羽化也是一種神祕的生命過程。

**自然界有很多
不可思議的事耶！**

知……
知道啦！

不可思議的……探知……
不可思議的……探知！！

喀！

！？

怎……
怎麼會
突然這樣
……

這、這是
我昨晚看
到的那道
光嗎？！

噗 噗——！！

喀！

不可思議的我登場囉!!

砰!

站定!

走、走、走

你⋯⋯
你來自外太空?!

沒錯!!

叫我
可羅納吧!
可羅!

鏘鏘——!!

呃⋯⋯⋯

不會吧!
還是不相信
我說的?!

  小知識 只有雄蟬會發出蟬鳴,主要是為了求偶。

還有很多地球文明沒有的東西，只是都在修理中囉……

走吧！
回去吧……

啊！
對了！

我可以用這個證明我們星球的文明力量哦！

鏘鏘鏘！

拜託……那種東西不能對著別人啦！

就是呀！

要是這東西突然故障就慘了……

  小知識　蟬和椿象是同一類，都有著像針一般的口器。

呀!!

哇 啊 啊 啊 啊

嗶卡 啊 啊

咦……?

不痛耶……?!

噹噹——!!

!!

好大隻喔——!!

哇!
不會吧……

難不成……!

呵呵呵……如何？

閃亮亮亮

這就是改變大小槍的威力囉！

呃……知道厲害了啦！

就是呀！趕快把我們變回原樣吧！

這個嘛……可是你們一直懷疑我的能力啊！

所以要讓你們見識我有多厲害！

咚咚咚 咚咚

別……別亂來啦！

砰！

咦？

搖晃‥‥‥

搖晃‥‥‥

嘿嘿！
可羅！

吼！！

真是的！
這下子該怎麼辦啊？

唉呀！
我也沒想到會故障嘛！

但這樣一來，就能讓你們相信我們的文明力量囉！太好了！

一點也不好！

怎麼辦啊！該不會一輩子都這樣吧……

別擔心啦！

太空船裡有備用的槍！

而且還是全新的哦！

喔喔～真的嗎?!

你早點說啊！

可是，你說的太空船在哪裡啊？

小知識　雖然有些昆蟲棲息於海中，像是海搖蚊、海水電等，但種類極少。

就是剛才我迸出來的那個發光水晶!!

那個就是超越人類知識，可以壓縮空間的太空船哦～可羅!!

發光的水晶……？

啊……

啊

啊

啊……

啊

……。

啊——!?
被扔了！

妳為什麼要扔掉那麼重要的東西啊?!

妳要負責！知道嗎?!

這下糟了！

……。

聽到沒!?
聽到沒!?
聽到沒!?

……。

  小知識　也有幼蟲能像魚一樣用鰓呼吸。例如，棲息於水中的水蠆（蜻蜓的幼蟲）。

少囉唆！
快點想辦法啦！

**不然
我扁你哦！**

我已經……
不行了。

煩

真是的……

！

手機？

嘶！

只要有這終端連線，
就能知道太空船
在哪裡。

喀！

小知識 紋白蝶會飛到黃色的花，不會飛到紅色與藍色的花，
這是因為紋白蝶的幼蟲以十字花科的蔬菜為食草，而十字花科的花是黃色的。

31

喔喔!!
太空高科技!

好厲害
……

那個
紅色標記就是
太空船哦!

一開始拿出
這東西
不就得了。

這個標記的
所在位置……

好像在體育
倉庫附近耶!

那我們馬上
過去吧!走吧!

啊～一放心,
肚子就餓了。

等……
等一下!

只棲息於沖繩的與那國島、西表島、石垣島的烏柏大蠶蛾是日本最大的蛾,
展翅就有20～25公分。

你們忘了我們現在變得非常小嗎？

所以從這裡走過去要走很久吧……。

啊……

沙沙沙啊啊啊…

喀沙 喀沙

嚇……

妳這個笨蛋！到底是丟多遠啊?!

少囉唆！我沒丟你，就該謝天謝地啦！

還不都是因為你提議跟蹤大和！

所以都怪大和跑到這種鬼地方囉?!

看妳幹的好事！

!!

我……我只是……

……。

算了、算了。

大家齊心協力朝太空船前進吧！

喔一!!

靜————

……。

 小知識　蟬在樹上產卵，從卵變成幼蟲後，就會鑽進土裡，花好幾年的時間吸取樹根的汁液，逐漸成長。

都怪你們害我捲入這種麻煩事，我絕對不會原諒你們！

我明明只想一個人……

這可是妳說的！要是找到什麼好東西，可都是我的！

等……等等，別丟下人家嘛！

閉嘴！還不都是你害的！

總覺得前途堪憂啊！可羅……

# 昆蟲的種類超過100萬種！

地球的人口迄今超過70億，所以地球上都是人囉？不，沒這回事，棲息在地球上的昆蟲數量遠遠超過人類。

## 地球的生物種類半數以上都是昆蟲

地球上光是有命名的生物就約200萬種，其中動物超過140萬種，而且四分之三以上都是昆蟲。因此，一提到生物的種類，其實半數以上都是昆蟲。

**甲蟲尤其多** 昆蟲中，又以甲蟲（獨角仙等）最多，約37萬種。

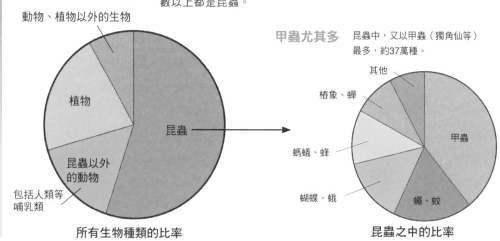

動物、植物以外的生物

植物

昆蟲

昆蟲以外的動物

包括人類等哺乳類

所有生物種類的比率

其他

椿象、蟬

螞蟻、蜂

蝴蝶、蛾

甲蟲

蠅、蚊

昆蟲之中的比率

## 為什麼會有昆蟲？

我們不妨試著從昆蟲的體型與生態特徵，來思考昆蟲為何能在地球繁衍的理由。

首先，絕大多數的昆蟲都有翅膀，所以能輕易地飛翔，移動到遠處。因為牠們能飛到適宜居住、有很多食物的地方，所以能擴展棲息領域。此外，翅膀也能讓牠們迅速逃離敵人的魔掌。

再者，一次產下很多卵，也是昆蟲的特徵之一。雖然絕大多數的卵與幼蟲還來不及成蟲，便被敵人吃掉，但因為數量多，存活下來的機率提高，也才能確實地繁衍後代。

還有，昆蟲體型小也是一項優點。不但不太容易被敵人發現，還能躲在樹皮間、岩石底下等地方，逃過一劫。而且因為昆蟲體型小，所以成長時間比起大型動物，短少許多，也才能留下代代子孫。新生命的誕生次數一高，體型就會為了配合環境而進化。

昆蟲一方面擴展棲息領域，一方面迅速適應各種環境，繁衍子孫，成了地球上種類最多的生物。

## 無論是在海中、喜馬拉雅山的雪中，還是南極

任何地方都能見到昆蟲，無論是酷暑之地，還是寒冷地方。沙漠、洞窟或是雪中，各地方都有適應各種環境的昆蟲棲息著。就連海中，也有稱為海水黽的水黽類棲息著。

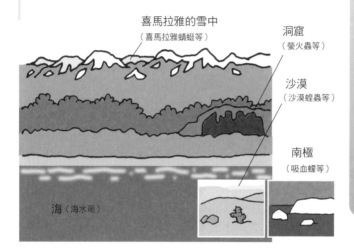

喜馬拉雅的雪中
（喜馬拉雅蜻蜓等）

洞窟
（螢火蟲等）

沙漠
（沙漠蝗蟲等）

南極
（吸血蠓等）

海（海水黽）

### 每年發現 18000種新品種

林木繁密的叢林裡，昆蟲尤其多。因為很多都是棲息在人煙罕至的地方，所以很難被發現。迄今，每年發現約18000種新品種，未被發現的昆蟲數量恐怕更多。

切葉蟻將巢搬到葉子上，成了培育蘑菇的肥料。

澳洲的白蟻築出比人類的家還大的巢。

## 昆蟲世界也有文明可言?!

人類的文明起源於5000年前，從以狩獵與採集為主的生活，變成農耕生活，而且從洞窟生活進化成以石頭、木材蓋成房子來居住的生活。

然而，早就有比人類更早發展出農業、建築的生物，那就是昆蟲。

例如，南美洲的切葉蟻就是在巢中培育蘑菇，經營農業。澳洲的白蟻更是利用土壤築出超過2公尺高的巨巢。

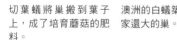 自 然 定 律

# 地球是昆蟲的樂園

第 **2** 章 這顆「星星」是誰的東西？

我們已經走了
15分鐘了吧？

還沒到嗎？

肚子好餓喔！

學校 倉庫

嗯……
以我們現在的大小，
可能要花3～4個
小時才能走到吧！
可羅！

啪啊啊啊啊

什麼?!
要是
不快一點，
天就黑了耶！

不就是在
校園裡嗎?!
快給我
想辦法！

地球人
真是有夠
任性……

啊～
真是的……

要是掉下些
吃的就好了……

笨蛋！
這種事，

哪有可能——

咚！

……!?

好……
好危險喔……
連橡實都變得
這麼大……

喀沙！

看來比我
想像中
還危險……

咻！

！

？

有黑影
……？

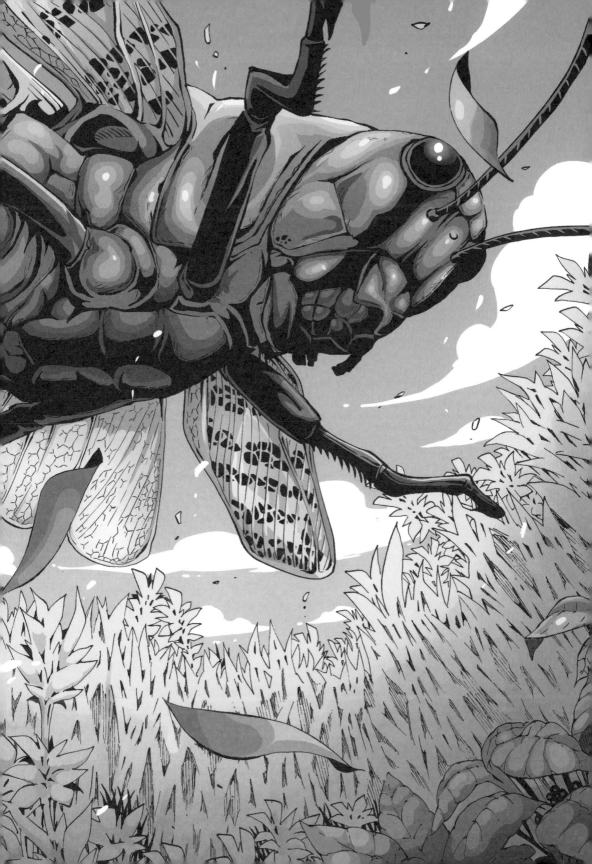

喀沙！

喔‥‥‥

哇～～!!
是東亞飛蝗!!

嗶一一!!

好厲害喔!
太棒啦!
我居然親眼看到
這股驚人的氣勢!!

別靠太近!
危險啊!

喂!
危險啊!

放心啦!
東亞飛蝗
是草食性
昆蟲,

對活的東西
不感興趣啦!

喔……是喔?

喀!

 小知識　東亞飛蝗的耳朵位於後腳根部。

43

喀！喀！喀！

吵死了！
這是什麼
聲音啊?!

牠……牠該
不會生氣了?!

……。

不……
不是啦！

這是蝗蟲
在吃草的聲音啦！

因為牠正在享受
比較硬的
禾本科植物！

呼哇！ !!

喂……喂！
剛才那是
怎麼回事?!

大概是
從氣門
放氣吧！

昆蟲
沒有鼻子，
是靠氣門
呼吸。

哇！
好大喔！

好酷喔！
看得到
後腳根部的
耳朵呢！

……。

陶醉……

不愧是昆蟲阿宅，
眼睛都發亮了
……。

咦？怎麼回事啊？
和平常的大和
完全不一樣呢！

……。

嘶……

顫抖

 日本最大的蝗蟲是精靈蝗蟲，而且雌蝗的體型比雄蝗大，
雌蝗的體長約70～80公釐。

45

 小知識　蝴蝶和蛾一類，稱為鱗翅目，因為牠們有著覆滿鱗粉的翅膀。

昆蟲的共通特徵就是牠們的身體分為「頭」、「胸」、「腹」三大部分哦！

可羅納！你看！

頭

胸

腹

而且啊，從胸部長出6隻腳也是一項特徵哦！

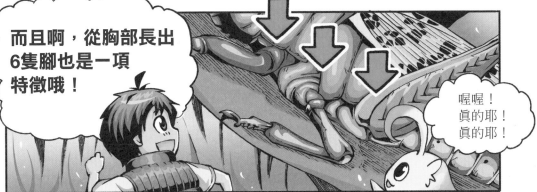

喔喔！真的耶！真的耶！

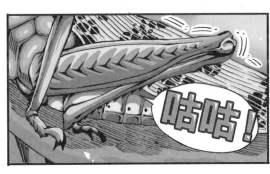

咕咕！

可羅納⋯⋯退後一點。

！

？

小知識 獨角仙一類稱為甲蟲目，因為牠們彷彿穿著堅硬的鎧甲。

47

好……好厲害的跳躍力。

就是啊！牠們一飛就可以飛40～50公尺遠哦！

摸！

驚！

!!

牠是……金龜子。

剛剛好像有什麼東西碰到我……

那是牠的觸角。

昆蟲都有觸角哦！

觸角？

觸角是能感受到「聲音」、「熱」、「味道」與「費洛蒙」等，的感知偵測器。

……。

摸摸

哦！牠好像對你很感興趣呢！

太好了！太好了！

我對臭蟲子一點都不感興趣！

噗嗚嗚嗚！

真是的……把牠嚇跑了。

啊……

！

昆蟲的特徵還有……

「眼睛」!

眼睛?

唷!

!?

爬!

大和～你要去哪？

你不是體能很差嗎？

爬上去很危險耶！

昆蟲的眼睛是「複眼」。

「複眼」是由無數個「小眼」集合而成的!!

好比那隻白刃蜻蜓的眼睛，就是約2萬個小眼集合而成的！

2萬個……?!

有……有這麼多啊？

那一個個小顆粒就是小眼。

而且啊，蜻蜓的眼睛很大，所以能見範圍很廣。

牠們對於會動的東西很敏感，只要稍微轉動一下頭，就可以360度掃視四周。

啪！

蜻蜓會邊飛邊獵捕蟲子。

因為牠們擁有絕佳的視力。

好厲害！好厲害喔！

你真的有聽懂嗎？

大和好厲害喔！根本就是昆蟲博士！

嘿嘿……

也是啦！和平常乖乖牌的你不太一樣囉！

就是啊……我都對你另眼相看呢！

桃代……

  小知識　白刃蜻蜓的幼蟲要脫皮13次，才能變成成蟲。

靠近看蟲子，

果然還是覺得很噁心……

鬱

悶

是喔……

我說你啊！別再東拉西扯了！趕快變回原來的模樣比較要緊！

別再管什麼昆蟲啦！

是……對不起……

蛤？

昆蟲真的超有趣耶！可羅！

根據我們星球的資料顯示，「地球是昆蟲的星球」哦！

就是呀！

就某方面來說，這說法並沒錯。

包括人類在內的「哺乳類」只有約4500種。

相較之下，光是目前發現的昆蟲種類就有100萬種。

1……100萬?!這麼多?!

喔喔喔

蟲……蟲子的種類竟然有這麼多……

雖說有100萬種，但想像不出來耶！

小知識　蜻蜓的腳上長著許多刺，發揮不讓獵物逃脫的功能。

昆蟲約占地球所有動物的**四分之三**吧！

其他

昆蟲

這麼多!!

喔喔!!

老天啊……

所以地球堪稱「昆蟲的星球」囉！

可羅納……

大和……

緊抱

這兩個人還真是臭氣相投啊……。

 小知識　蜻蜓和蟑螂的祖先於 2～3 億年前出現於地球，比恐龍還早。

好！
我們一起努力調查昆蟲的祕密吧！

喔‼

吼！吼！吼！吼！

既然要做就要努力做！
我可不想再嘮叨第二次！

是……

嗯……
大和的昆蟲知識確實很有用，

很值得依靠呢！

喀沙喀沙

嚇赫！

…………。

小知識 蟑螂的糞便充滿能吸引同伴聚集的費洛蒙，
所以要是不趕緊清理，就會招來更多蟑螂。

# 昆蟲的身體構造

科學領域中,是依生物的身體構造來分類,就讓我們仔細探究稱為「昆蟲」的生物究竟有著什麼樣的身體構造吧。

**地球的生物種類
半數以上都是昆蟲**

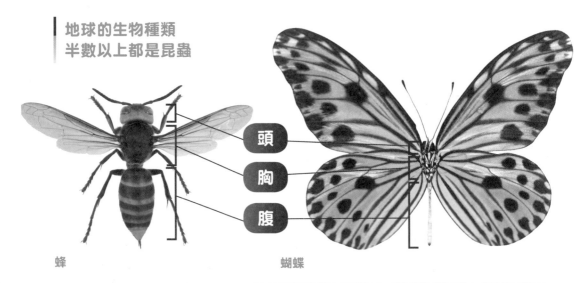

頭

胸

腹

蜂　　　　　　　　　　　　　　蝴蝶

## 分為頭、胸、腹三部分

　　所有昆蟲的身體大略分為頭、胸、腹三部分,有6隻腳,還有翅膀。而且頭、胸、腹各有其功用,像是頭部有接受情報用的觸角,胸部則是扮演運動功能,利用許多肌肉驅使長在胸部的腳活動,消化器官與繁衍後代的結構則是位於腹部。

　　翅膀是昆蟲的一項特徵,而且依翅膀的種類不同,功能也不一樣。

　　好比蜻蜓是四片翅膀各自活動,可以停在半空中、急速上升或下降,飛翔能力一流。相較於此,前翅與後翅相互牽動的蟬雖

然無法停留空中,但可以用力振翅,迅速移動到另一棵樹上。蝴蝶和蛾的翅膀上有類似圓點的圖案,用來嚇跑鳥類等天敵。獨角仙等甲蟲的前翅則是堅硬得猶如鎧甲,用來保護身體。而且有些雄甲蟲的前翅會配合動作發出聲音,用來吸引雌甲蟲,好比蟋蟀、螽斯等。

　　光是觀察昆蟲的翅膀就能發現各種特色,足見昆蟲的身體構造是經過高度演化的結果。

SCIENCE WONDER QUEST

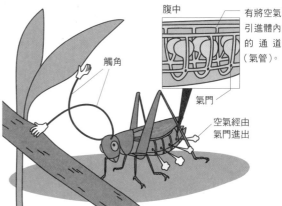

腹中

有將空氣引進體內的通道（氣管）。

觸角

氣門

空氣經由氣門進出

## 昆蟲的頭上有手，而且是靠腹部呼吸?!

昆蟲的頭上有兩根觸角，而且觸角是像手一樣活動，用來探測周遭情況。

此外，昆蟲沒有鼻子，也沒有肺，所以和人類的呼吸方式不一樣。昆蟲的腹部有稱為氣門的孔，空氣由此進出。

獨角仙成蟲後，身體並不會變大，所以身體大小取決於幼蟲時代的營養狀況。

## 昆蟲還有個祕密，那就是「外骨骼」

昆蟲沒有骨頭，取而代之的是支撐身體的堅硬外殼，稱為「外骨骼」。

外骨骼雖然很小，卻很堅固，可以保護猶如內臟的柔軟組織。但昆蟲為了成長必須脫皮，所以有外骨骼的生物，成蟲後並不會跟著變大。

**蜻蜓的絕佳飛行力**

蜻蜓的飛行力可說是昆蟲中最厲害的，牠們可以邊飛，邊獵捕小昆蟲，而且動作敏捷俐落，還能任意停留在半空中或是改變方向。

嗅！
嗅！

嗅！
嗅！

他從剛才就一直這樣，到底在幹什麼啊？

我也不知道耶……

閃現！

嗅！
嗅！

噠！

？？

喔喔！有了！

什麼啊？發現太空船嗎?!

開心

好……好厲害喔！

 小知識　蟻蛉的幼蟲稱為「蟻獅」，牠們會在乾燥的沙地鑽出缽狀的洞穴，然後潛入，並將落下的獵物拖進沙中享用。

嘿嘿……♪

找到吃的囉!

蛤?

餅……餅乾碎片?

才不分給你們呢!♪

大嚼特嚼

嗯……。

虧你還敢吃掉在地上的東西。

這在我們星球簡直無法想像。

沙!

咬！咬！

摸！

休想我會分給你們……

咚！

!!

很痛耶！這是我找到的！

才不分給你們……

 蟻蛉的大下巴有吸管般的空洞，所以牠們是用大下巴抓住獵物，吸取體液。

現……現在是
怎麼回事啊?!

光……
光束?!

現……
現在超危險啊!

那是叫
「蟻酸」
的毒液!

毒液
?!

現在變得
很小的我們
要是被噴到,
後果不敢
想像……

大和!
你的昆蟲
知識,

可以擊退
那個傢伙
嗎?!

嗯……
這個嘛!
基本上,

除了同住的
家族之外,
其他的對
牠們來說
都是敵人,

所以牠們不會
單獨行動。

咦……?
也就是說……

小知識 大黑蟻與紅胸巨蟻是日本最大的螞蟻,工蟻體長7～12公厘。

牠招來
好多同伴喔！

咚咚咚咚咚咚

天啊！
愈來愈多了！

情況變得
更糟啦！

牠們的目標
肯定是
小健的餅乾！

我已經
丟啦！

啊!!

你們看！
有個洞！

啊……
等等！
那裡是……

咚咚咚

 小知識　武士悍蟻的工蟻不但不會照顧蟻卵、幼蟲和蟻后，
還會擄走黑山蟻蟻巢裡的幼蟲與蛹，驅使牠們工作。

65

蟻穴應該是縱向的……。

……。

啊？

早說啊——!!

呀啊啊啊啊！

啊 啊 啊 啊

哇

咚卡卡卡！

沙沙沙！

啊 啊 啊 啊 啊 啊 啊 啊 啊

好痛……

我們算是得救了吧……？

卡沙卡沙！

鏗！

真是受夠了……。

鏗！

這……這裡是……？

啪!

行軍蟻都是集體移動生活，不築蟻巢，而且移動途中會順手獵食。

這裡⋯⋯
就是蟻巢。

什麼?!
蟻巢?!

難怪這麼多
螞蟻啊⋯⋯

嗯⋯⋯
因為螞蟻都是
集體行動。

牠們會為了同伴、
為了採集食物、
為了守護蟻巢
而戰。

為了守護蟻巢
而戰⋯⋯
喂⋯⋯

所以這裡⋯⋯
一點都
不安全囉!

 小知識　武士悍蟻與刺棘山蟻的新蟻后會入侵其他螞蟻的蟻巢,
殺死那裡的蟻后,占為自己的地盤。

卡啪！

撲！

？

哇啊！

大……
大和！

為什麼牠
只抓大和
……?!

大和！
你沒事吧?!

噠！

!!

該不會
是因為……

緊

抱！

!?

你……
你幹嘛啊？
大和!!

對不起！
對不起啦！
暫時這樣
……。

你這變態！

啪啪！

嗚！嗚！

嘶沙沙沙！

咚！咚！

轉身

得救了
……

大和！
你沒事吧?!

噠噠噠

嗯……
沒事。

除了被桃代
賞一巴掌之外
……。

閉嘴!!

可是
牠為什麼
沒有撲過來啊？

哈哈……

 小知識　螞蟻能舉起比自己重5倍的東西，也可以拖行比自己重25倍的東西。

71

因為費洛蒙的關係。

因為螞蟻的身體會分泌費洛蒙，這是一種有味道的物質，用來交換情報。

因為除了我以外，你們在入口處都有沾到螞蟻身上的費洛蒙。

有嗎？難怪覺得臭臭的。

嗅！嗅！

那味道應該是小健的汗臭味……。

……。

好臭！好臭！

呀！呀！

剛才真是不好意思啦！因為我想要沾點妳身上的費洛蒙……。

真是的！想說你怎麼突然撲上來，

算了……事出有因囉！

嗯……對螞蟻來說，費洛蒙非常重要。

不但是用來分辨夥伴，也用來告知搬運食物的路徑。

厲害!!

72

 小知識　袋蛾的袋狀外殼裡，除了幼蟲之外，還有雌的成蟲。
雌的成蟲就算長大，也沒有翅膀，一輩子都生活在袋狀外殼裡。

你看！
那房間……。

那些白白的東西
是什麼啊？

那、那是
大黑蟻的繭！

喂、喂
……?!

噠！

好棒喔！
觸感好好喔！

摩擦
摩擦

啪！
啪！

迸出！

74

喂！
先去追桃代
要緊啊！

太棒了！
我居然能親眼
看到工蟻誕生的
瞬間！

萬歲！

可羅納！
你看那邊！

那是幼蟲的
房間！

那是蟲卵的房間！

蟻巢真的
依功用分房呢！

可能是因為我們接近最重要的房間吧！

沙！

這裡好像是最後一個房間耶……。

是嗎……？所以桃代應該在這裡囉？

呀啊啊啊！

!!

是桃代的叫聲!!

嘩!

是蟻……
蟻后！

呀啊啊啊！

嗤嗤嗤！

好大喔！
真不是
普通大呢！

小知識 大黑蟻的蟻后一生約產下10萬個蟻卵。

蟻后負責產卵，
應該不會有
攻擊慾。

蟻巢裡的螞蟻，
約1000隻都是
蟻后生的。

而且全部
都是雌蟻。

好……
好恐怖喔！

我想……
應該沒事吧！

**1000隻?!**

**全部都是
雌蟻?!**

你看，
牠正在產卵。

真的耶……

要是有新蟻后，
也是牠生的。

這樣不就有
很多蟻后嗎？

不會。

等到
新生的蟻后們
長大後，

牠們會飛出去
築自己的巢。

飛出去？

蟻后本來
就有翅膀啊！

**螞蟻
會飛？**

對了，
我曾在梅雨季時，
看到有翅膀的螞蟻。

那個啊！
應該是
雄蟻喔。

雄蟻只生在
結婚時節。

牠們與蟻后
在空中結婚，
也就是交配。

哦～～
好幸福喔！

交配完後，
用盡力氣的雄蟻
便掉落地上死去
……。

咚卡！

……!?

女人真是……
女人真是……

地球的生命
好恐怖喔！

但蟻后的苦頭
還在後頭呢！

怎樣？

 小知識　像是高砂深山鍬形蟲、栗山天牛等，都是棲息於深山的蟲子，
但不是深山的地方也看得到牠們就是了。

小知識 蝴蝶、蛾都是屬於鱗翅目，但大多都是蛾，蝴蝶所占的比率不到5%。

呼……
總算回到
地上了。

好想再進去喔！

嗯！

**不行！**

進出！

嗯？
剛才蟻巢裡的
螞蟻們。

要去哪啊？

沙！

沙！

沙！

沙！

爬上莖了
……？

沙！

沙！

沙！

這是
白頂飛蓬
的莖……。

！

  小知識　大透翅天蛾羽化後，會自己抖落翅膀上的鱗粉，所以翅膀呈透明狀。

啊！
那裡有好多
蚜蟲!!

蚜蟲？

……。

你們看。

噗嘰
噗嘰
噗嘰
噗嘰 噗嘰

嚇……

原來如此
……

啾!
啾!
啾!
啾!
啾!

咦……
莖怎麼慢慢
變成咖啡色了？

吸血鬼……

唧嗚

那是因為
牠們吸取莖的
水分。

嗚 嗚

你們看！你們看！也有好小隻的哦！

慢慢地蠕動著，好可愛喔！

的確挺可愛的。

沒辦法……我對昆蟲的話題就是不感興趣。

唉……

迅速～ ！

哇！是瓢蟲耶！
瓢蟲是挺可愛啦！

沙！

喀！喀！喀！

♪～

……。

# 大家族的分工合作 社會性昆蟲

像是螞蟻、蜜蜂等，都是以大家族方式生活的代表性昆蟲。以女王為中心，大家分工合作，過著大家族生活，這樣的昆蟲叫做「社會性昆蟲」。

## 1隻蟻后就代表
## 1個大家族

蟻后的工作就是每天不停地產卵，所以整個蟻巢的螞蟻都是同一隻蟻后生的。

除了蟻后之外，還有稱為「工蟻」的螞蟻，負責照顧蟻后、照顧蟻卵和幼蟲、築蟻巢、找尋食物等，都是由工蟻一手包辦。

蟻后
工蟻
幼蟲

**雄蟻是為交配而生**

初夏夜晚，長出翅膀的雌蟻與雄蟻在空中交配（結婚飛行），雄蟻是為這時節而生。

## 社會性昆蟲如何溝通呢？

一般昆蟲多是單獨覓食，找尋交配對象、繁衍後代，也有昆蟲是分工負責守護蟲卵、養育後代、築巢等工作。

以螞蟻為例，蟻后只負責產卵，照顧蟻卵與幼蟲的工作就落在年輕的工蟻身上。工作內容會隨著螞蟻的年齡而改變，好比由原本照顧蟻卵的工作，變成負責覓食。

由許多個體組成的社會，溝通很重要。不會說話的螞蟻是靠觸角溝通，也就是以「費洛蒙」交換情報。「費洛蒙」可說是以觸角感受到的味道，除了憑費洛蒙分辨同伴之外，也用於標記路徑。走出蟻巢的螞蟻要想順利回巢，不迷路，會在走過的地面上留下費洛蒙。還有像是找到食物、暫時回蟻巢等，也是靠觸角向其他工蟻傳遞訊息，然後螞蟻們會循著留在地面的費洛蒙，找到同伴發現的食物，這就是螞蟻為何總是排隊前行的緣故。

## 螞蟻除了自己的胃，還有一個公共胃

工蟻採到蜜，除了餵飽自己的胃之外，還會將蜜儲存在胃的旁邊，這是稱作「公共胃」的器官。簡單來說，公共胃就是為同伴而設的胃。一旦其他螞蟻用觸角敲大顎，表示想吃東西時，牠們就會將儲存在公共胃裡的蜂蜜分享給同伴。

### 大家合力折葉子的黃絲蟻

棲息於東南亞與非洲的黃絲蟻會折葉子築巢，許多工蟻合力折葉子，然後用幼蟲吐出來的絲，連結葉子。

紅胸巨蟻利用「接吻」方式，傳遞公共胃裡的蜂蜜。

紅胸巨蟻利用「接吻」方式，傳遞公共胃裡的蜂蜜。

## 用高熱凝聚團隊力量！日本蜜蜂的團隊合作力

當天敵大虎頭蜂靠近日本蜜蜂的蜂巢時，發現敵人接近的工蜂會發出「警報費洛蒙」，召集同伴。於是，許多工蜂會包圍企圖入侵的大虎頭蜂，然後膨脹胸部的肌肉，發出高熱，殺死天敵，堪稱完美的團隊合作力。

小知識　瓢蟲的腳尖長著許多細毛，可以像吸盤般箝制住獵物，
所以獵物就算倒栽蔥也不會掉下來。

小知識　瓢蟲的同類中，也有身上沒有花紋，好比黃色瓢蟲就是一例。

這種艾草蚜是七星瓢蟲愛吃的食物。

什麼跟什麼啊……

這樣根本就是霸凌啊！

我現在就要趕走那隻臭瓢蟲！

不……不行啦！

憤

怒

瓢蟲的腳關節會釋放攻擊物質！

萬一我們被攻擊到，後果不堪設想啊……

！

嘶！

咦？

你們這些
傢伙……

沙！
沙！
沙！
沙！
沙！
沙！

大黑蟻要幫
小健?!

不會吧？
怎麼可能
……?!

好～
謝啦！

我們一起
幫助蚜蟲吧！

小知識　瓢蟲釋出的攻擊物質又苦又難聞，所以瓢蟲吃過的東西，鳥類等動物絕不會碰。

噗嗚嗚嗚......

好......

 食蝸步行蟲的食物是蝸牛，所以食蝸指的是蝸牛，
也是因為牠們將頭伸進蝸牛殼裡吃食的模樣而得名。

  蚜蟲吸食的草汁含有甜甜的成分，
所以蚜蟲會製造出「蜜」，從臀部迸出。

閻魔蟋蟀的耳朵長在前腳，可以聽到地面傳來的聲音。

這樣
我也敢吃囉！

圖鑑上寫說很甜，
沒想到比想像中
還甜呢！

喂、
留一點
給我啦！

桃代還真是
勢利啊！

啊哈哈哈！

噗嗚嗚嗚⋯⋯⋯⋯

呼～
好滿足喔！

景色
也很美。

！

噗嗚嗚嗚⋯⋯⋯⋯⋯

好吵喔！
這是什麼
聲音啊?!

！

 小知識　閻魔蟲也是收集動物糞便的昆蟲之一，
但牠們的食物不是動物的糞便，而是吃糞便的蠅的幼蟲。

99

# 昆蟲的身邊都是敵人！

針對某種生物為狙擊目標的敵人，就叫做「天敵」。
昆蟲又是如何力抗天敵，存活下來的呢？

## 昆蟲要活下來
## 不是一件容易的事

　　有很多以昆蟲為食物的生物，除了鳥、蜥蜴、青蛙、蜘蛛、蜈蚣之外，還有螳螂、蜻蜓等以昆蟲為食的昆蟲，可說生活處處充滿危機。此外，也有可能成為食蟲植物、黴菌等菌類的腹中物。

**鳥是最強的天敵**

鳥的視力絕佳，加上能飛翔，所以對許多昆蟲來說，都是最強的天敵。

被短腳鵯逮住的蟋蟀類。

## 昆蟲如何在危機四伏的環境中生存？

　　以昆蟲為狙擊目標的生物中，鳥堪稱昆蟲最害怕的天敵。母鳥抓蟲子餵食小鳥，據說麻雀從出生到離巢為止，一天要吃100隻蟲子。

　　也有很多昆蟲吃昆蟲，像是七星瓢蟲的成蟲，一天要吃100隻蚜蟲。所以要是滿是蚜蟲的花莖上，有一隻七星瓢蟲的話，蚜蟲不消幾天便被吃光。此外，螳螂是最擅於狙擊昆蟲的昆蟲，雖然初春出生的幼蟲體型和某些體型嬌小的成蟲一般大，但大部分都成了其他昆蟲的餌食，昆蟲就是有這種犧牲奉獻的宿命。

　　即便如此，昆蟲還是不會滅絕的理由，就是牠的繁殖力。因為昆蟲一次可以產下許多卵，延續下一代。

　　當然，昆蟲不會只是被動的等待被別人吞進肚，每一隻都很努力不被吃掉地活著，好比蟋蟀為了不被鳥兒發現，身體有保護色，隱身草叢中。蚜蟲則是藉由螞蟻的力量，與瓢蟲對戰。

　　由此可見，無論是鳥還是昆蟲都為了活命而努力。

## 瓢蟲是蚜蟲的天敵

　　吸食草液的蚜蟲，是危害農作物的害蟲，而七星瓢蟲等瓢蟲類就是牠們的天敵，牠們不只吃成蟲，也會吃蚜蟲的幼蟲。也就是說，專門吃蚜蟲的瓢蟲對人類來說，是益蟲。

### 利用螞蟻保護自己的「共生」關係

螞蟻最喜歡蚜蟲從臀部排出來的蜜，所以對於螞蟻來說，吃蚜蟲的瓢蟲是頭號公敵，一旦發現就會啃咬、追趕。螞蟻一方面要蚜蟲的蜜，一方面保護蚜蟲不受瓢蟲攻擊，像這樣的關係就稱為「共生」。

正在享用蚜蟲的瓢蟲。

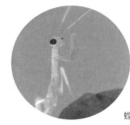

螳螂的幼蟲。

## 就連最強的螳螂也活得很辛苦

　　就連獵食昆蟲的最強獵人螳螂，牠們的幼蟲也不易存活，因為常被螞蟻之類的昆蟲獵食，所以就算一次誕生好幾百隻螳螂，但能夠平安成大的成蟲只有幾隻而已，足見大自然有多麼嚴峻。

擺出威嚇姿勢的螳螂（左）。螳螂的卵（一大團）一次可以誕生100隻左右的螳螂（右）。

自然定律

# 只有少部分能平安地存活，變成成蟲

小知識 工蜂做出來的頂級蜂蜜，富含維他命、礦物質與氨基酸。

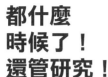
都什麼
時候了！
還管研究！

我們最大的目的
就是去找你的太空船！
聽到沒?!

嗯？

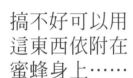
搞不好可以用
這東西依附在
蜜蜂身上……

這樣就能讓牠們
載我們去太空船
所在的體育倉庫，
不是嗎？

……。

！

原來如此！

大和好厲害！
真是妙計耶！

騎在昆蟲
身上?!

這樣就能一口氣
抵達目的地啦！♡

來一場
空中之旅～。

嘿嘿！

啊……？
騎著昆蟲
……？

唉！

哇哈哈哈哈！

小知識 剛出生的蜜蜂幼蟲吃三天蜂蜜，就能變成工蜂，
再繼續吃的話，就會變成蜂后。

……。

好了！
這邊準備OK！

嗯！
我這邊也OK！

快點、快點出發！

心跳加速

興奮

嗯！出發吧！

振

哇！

翅

搖搖晃晃

嗚哇哇哇！

噗

嗚嗚

嗚！

哈哈！操控得很爛喔！

完全抓不到平衡感！

看我的！出發！

哼！

喔喔！
小健好厲害喔！

就是啊！

還好啦！
我的運動神經
絕不輸人！

你們看！
還可以
這樣哦！

轉 轉 轉

呀啊！

！

桃代，妳看！
這裡明明是
熟悉的校園，

但以昆蟲的
視線來看，
卻完全不一樣呢！

哇！
好漂亮喔！

好大的
花田！

  蜜蜂的針為了產卵，會變成管狀的產卵管，
只有雌蜂有針，雄蜂沒有，而且針一旦脫落，就會死亡。

 胡蜂很喜歡黑色，所以要是黑色物體靠近牠們的蜂巢，
就會引起騷動，可能會有危險。

  胡蜂是日本最凶猛的昆蟲，從臀部上的針噴出來的液體混合各種毒，所以有毒雞尾酒之稱。

好痛喔……

這個方向盤壞掉了。

沒辦法……只好坐小健的無霸勾蜓去救桃代了。

真是的……好不容易逃離螞蟻窩，這下子又得去找人。

唉～

瞪～

幹……幹嘛？

這次是你不好啊！可羅！

沒錯，絕對是你不好。

少……少囉唆！知道啦！我會道歉啦！

但是要怎麼找啊？

根本不曉得她飛去哪了。

我大概知道。

八成是回蜂巢。

!?

  小知識　蜜蜂的大蜂巢中，蜂后只有一隻，雄蜂卻有好幾百隻，工蜂更是超過萬隻。

這……
這是……？

好像什麼
要塞似的……。

蜜蜂和螞蟻一樣，
都是以女王
為中心築巢，

打造出
分工合作的社會。

因為蜜蜂
有歸巢的本能！

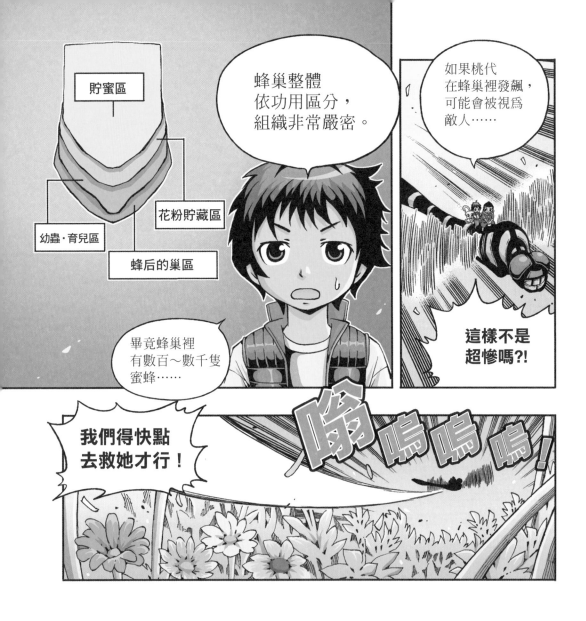

貯蜜區

花粉貯藏區

幼蟲・育兒區

蜂后的巢區

蜂巢整體依功用區分，組織非常嚴密。

如果桃代在蜂巢裡發飆，可能會被視為敵人……

這樣不是超慘嗎?!

畢竟蜂巢裡有數百～數千隻蜜蜂……

我們得快點去救她才行！

嗡嗡嗡嗡！

……
……。

……
這……

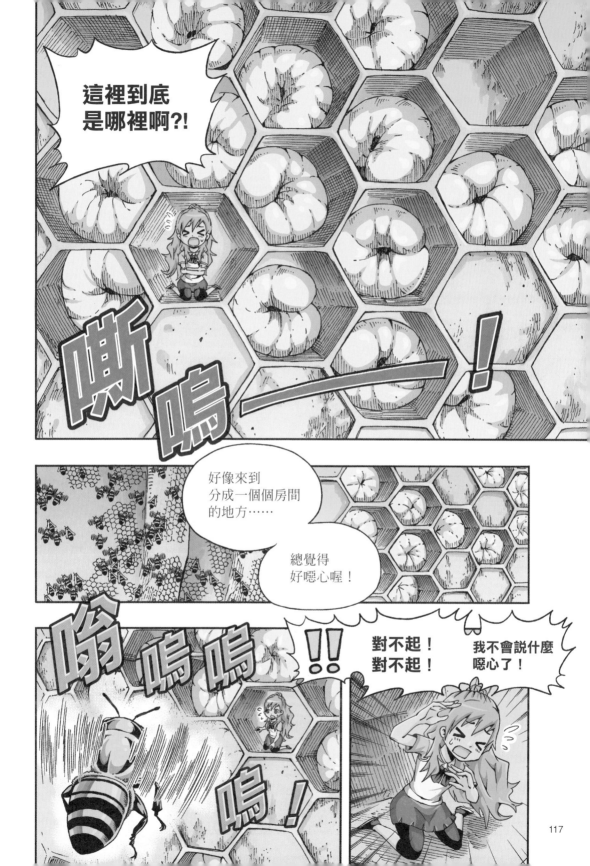

咦？

嘶！

唧起食物……？

嘶！

嚇……！

啊……原來是給我～。

原來這裡像蜜蜂寶寶的保育園啊！

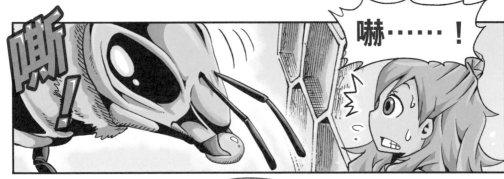

也就是說，牠把我當作是小寶寶，以為我迷路囉！

121

小知識 胡蜂的工蜂會將逮獲的獵物帶回蜂巢，用來餵食幼蟲。

你一定沒問題的！

我相信你！

嗯！

謝啦！

站起！

小健！
讓蜻蜓
立起翅膀，
準備靠近
蜂巢！

遵命！

桃代！
妳要抓好喔！

啪！

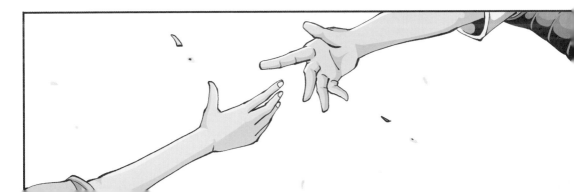

滑！
滑！

啊……
不妙！

妳要撐住
啊……

呀……
呀啊啊啊！

咚沙！

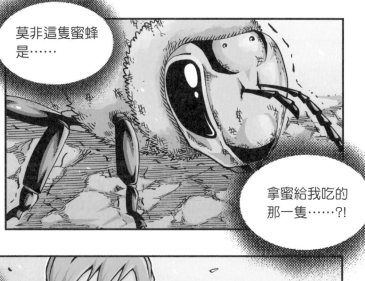

莫非這隻蜜蜂
是……

拿蜜給我吃的
那一隻……?!

怎麼可能
這麼湊巧……

蟲子
別靠近我啦!

我最討厭
蟲子了!

好可怕!
好可怕!

抱……

為什麼要救我……？

因為我保護你的幼蟲嗎？

還是你覺得我是你的小孩呢？

滴落

滴落

# 危險！不能接近的有毒昆蟲！

以將毒液注入敵人體內的蜜蜂為首，還有長著毒毛的毒蛾等，
其實有毒的昆蟲還不少。

## 日本最毒的、最凶猛的胡蜂

在日本，每年導致最多人意外死亡的動物，就是胡蜂。一旦被胡蜂螫到，除了會劇烈疼痛之外，還會發高燒。要是被螫到第二次，往往會休克死亡，一定要注意。

**胡蜂的毒針**

胡蜂的毒針會變成產卵管，而且流出的毒液混合好幾種毒，所以又稱為「毒雞尾酒」。

## 為什麼昆蟲有毒？

昆蟲很小很弱，所以為了存活會使用各種手段，具備毒液就是一種手段。

代表性的昆蟲就是胡蜂，只要被牠盯上，就算拚命逃也沒有用，還是會被牠那長約1公分的毒針螫到。除了劇烈疼痛之外，被注射的強烈毒會引起過敏反應，引發更激烈的疼痛，而且被螫到的部位會腫起來，要是一再被螫傷，就會有致命危險，但是昆蟲不會胡亂以毒攻擊敵人。

胡蜂攻擊蜂巢時，會先振翅發出極大聲響，威嚇敵人。如果敵人還是頑強抵抗的

話，牠們才會使出最後手段，也就是毒針。所以面對胡蜂，千萬不能觸摸，或是胡亂攻擊。

有毒昆蟲大多有鮮豔的顏色，像是身上有著黃色、黑色條紋的蜜蜂，還有茶毒蛾的幼蟲，以及麝鳳蝶的紅色斑點。這些就叫做「警戒色」，顯示自己有毒，不能作為食物，所以知道警戒色意思的生物絕對不會將牠們視為獵物。由此可知，昆蟲的毒不僅用來攻擊，也有保護自身的作用。

## 從幼蟲時代開始吃毒草，
## 讓自己的身體成為武器的毒茶蛾

　　茶毒蛾的幼蟲吃的馬兜鈴有毒，所以茶毒蛾的幼蟲與成蟲都有毒。吃了一口茶毒蛾的鳥覺得實在太難吃，所以絕對不會再碰。

### 與毒蝶、麝鳳蝶
### 很像的昆蟲

稱為鳳蛾的蛾，長得很像麝鳳蝶，但牠沒有毒，之所以看起來像是有毒，應該是為了保護自身。

有毒的麝鳳蝶

沒毒的鳳蛾

黑與紅的鮮豔顏色，
會讓鳥意識到有毒。

### 大家緊挨著，守護彼此
### 的毒蛾幼蟲

　　群聚生活的毒蛾與茶毒蛾的幼蟲，長著許多「毒針毛」。而且無論是卵還是成蟲都有毒針毛，人類要是不小心碰到，皮膚就會紅腫，可見這是弱小的昆蟲為了不被鳥類等天敵吃掉，保護自身的一種手段。

毒蛾的成蟲，翅膀的鱗粉也有毒。

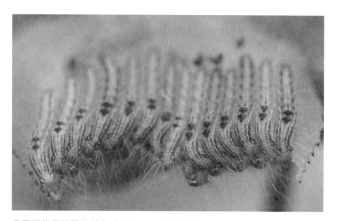

公園裡常見群聚的茶毒蛾幼蟲，一定要小心。

自 然 定 律

# 昆蟲的毒是為了保護自身的手段

第 **6** 章　大危機!!擁有「武器」的獵人?!

喂、桃代——

等……等等！小健。

她因為剛才蜜蜂的事，受到不小的打擊

現在別跟她說話比較好……。

喔……好。

可以讓我一個人暫時靜一靜嗎？

太空船應該就在這附近，我們先走囉！

  小知識　雖然獨角仙會飛，但因為身形笨重，所以不擅長飛翔。

  就算同樣是鋸鍬形蟲，下巴的大小也不一樣。
幼蟲時的營養好，下巴就會長得比較大。

沙！

那就靠近點看吧！

沙！

沙！

啊?!

等等……
桃代?!

妳不是討厭
蟲子嗎?!

嗯……
我最討厭
蟲子了！

完全不知道
牠們在想什麼，
噁心到不行的
生物——。

我本來是
這麼想……

沙！

沙！

可是啊！
我終於
明白了。

咦？

 棲息於日本的鍬形蟲，壽命只有 1 年。
初夏羽化的成蟲，隨著夏天結束時死去。

昆蟲也會養育孩子，保護同伴，

和我們一樣努力活著！

所以我覺得牠們真的很強……。

沒錯！妳說得一點也沒錯！

我們一起靠近看吧！

好!!

啊！這裡看得很清楚呢！

喔喔！

獨角仙和鍬形蟲準備相撲囉！

嘶嗚嗚嗚！

相撲？什麼意思啊？

牠們要爭奪樹液量最多的據點。

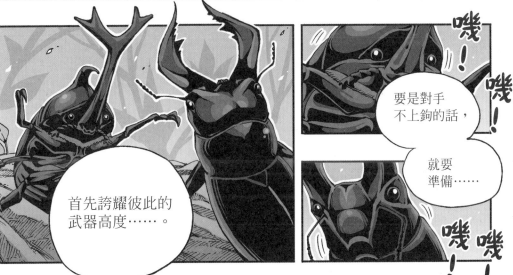

哦！

哦！

首先誇耀彼此的武器高度……。

要是對手不上鉤的話，

就要準備……

哦！

哦！

對峙

很好！
夾住牠！

別放開！
別放開哦！

興奮！

⋯⋯。

頭抖

獨角仙
被壓制住
了嗎?!

頭抖

跪下

牠的腳關節
折到了嗎?!

不是的。

就這樣
投降嗎?!

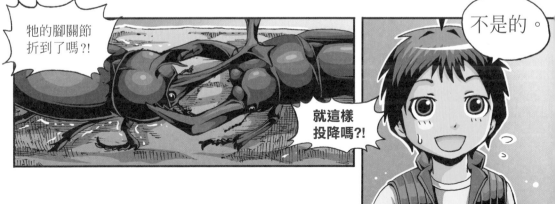

牠是為了
站穩腳步,
固定前腳。

喀!喀!喀!

然後
突然低頭,

咚!

翹起屁股,
頭往下鑽,

咚!

準備使用
獨角仙的
最強武器
「角」!

轟!

小知識 鍬形蟲的成蟲會成群結隊一起過冬,大鍬形蟲的壽命可以達5年。

 松藻蟲會在水面下以仰泳的姿勢游著，然後用像針般的口器，吸食落在水面的獵物的體液。

143

喔喔～
獨角仙
逆轉勝耶！

喔喔喔喔喔

好厲害喔！
好驚人啊！

鍬形蟲真的
很可惜啊！

鍬形蟲掉下去了，
沒事吧……。

嗯！
應該沒事！

獨角仙、鍬形蟲
之類的昆蟲，
就叫甲蟲，

牠們的身體
雖然很輕，
卻很堅硬！

哦～～～

雖然這次是
獨角仙贏，
但鍬形蟲的大下巴
也很有力呢！

咚！

原來昆蟲
還有各種武器
啊！

哦～
桃代也開始
對昆蟲
感興趣嗎？

但武器
什麼的，
有點恐怖
就是了。

144　小知識　蝴蝶的口器呈細長的筒狀，可以伸進狹窄的地方，吸取花蜜。

有些昆蟲
為了狩獵，
必須擁有武器。

有……
有這麼可怕的
獵人啊？

好比剛才
我們遇到的
瓢蟲、胡蜂等，
都是下巴
很發達的昆蟲。

不過最可怕的
獵人是……。

喀沙

咻赫！

跳！

跳！

跳！

原來是
蝗蟲啊！

嚇我一跳。

！

驚!!

一旦被牠盯上，可就慘了。牠會緊抓住獵物，用強力的下巴啃食獵物。

我們要是走錯一步……。

搞不好牠就是躲在這裡，鎖定聚在這裡吸食樹液的昆蟲。

難道那傢伙不是只吃昆蟲……？

嗯……不只昆蟲，像是無斑雨蛙、蜥蜴、麻雀、老鼠等，都是牠的獵物。

所以說……?!

轉身

 小知識　大螳螂有個叫做「卵囊」的海綿狀袋子，一次約產下200顆卵。

小知識 肚子餓的雌昆蟲會在交配前後，抑或是交配中吃掉雄昆蟲。
所以對於雄昆蟲來說，交配是一種賭命行為。

你們看！
太空船
在那裡！

太好了……
再忍耐一下
就行了！

問題是要
怎麼過去啊
……

！

蝗蟲的腳
……？！

大家小心啊！
這一帶
也……！

哇啊！

從……
從上面!!

而且
比剛才的
更大隻!!

牠……牠們大概正值繁殖期，所以肚子很餓。

看來這一帶好像有很多雌螳螂呢……。

天啊！這是一點也讓人高興不起來的驚喜啊！

大和！有什麼辦法可以引開牠們嗎?!

噠！

螳螂的勢力範圍應該沒那麼大……

所以我們一直往前跑，

牠們追久了也許會放棄……

喀沙！喀沙！

好！知道了！

！！

小知識　水螳螂雖然也有大鐮刀，但牠不屬於螳螂類，而是和棲息水中的椿象同類。

151

  水黽會在水面跳來跳去，也會振翅飛行。

……。

可羅納……
你回到太空船
就可以把我們
變回來，是吧？

……?!
當然啦！
可羅！

好！

大家的命運
就交給我啦！

咦？

咦？

咦？

小知識 龍虱雖然棲息於水中，卻能夠飛，而且晚上會群聚光源處。

慘了……
逃不掉了……？

嘶嗚嗚嗚！

丟！

丟！

丟！

既……
既然如此，
那就有什麼
丟什麼吧！

嗯、嗯！
絕對不能
放棄！

嗯……
好！

  小知識　田鱉、刺椿象、菜龜等，都是椿象類。刺椿象的意思就是吸取葉子汁液的椿象。

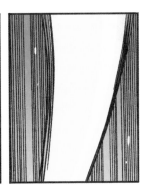

咦？

咻嗚嗚　嗚！

發……
發生什麼事
了?!

逃出

  小知識　赤蜻又稱為紅蜻蜓，但夏天羽化時不是紅色的，
棲息於山裡或秋天時棲息於平原時，才會變成紅色。

 雌螳螂會不吃不喝地照顧卵與幼蟲，
待雌螳螂死掉後，幼蟲會吃母親的屍體，然後離巢自立。

就是觀察蟬的羽化。

喔喔～好厲害喔！

對了，好像在這一帶看到蟬的脫殼。

這裡也有耶！

啊！那裡也有！

可以讓我看一下嗎……？

當然OK囉!!

 從北海道到九州都看得到蹤跡的蝦夷春蟬，會發出「咻嘰、咻嘰、喀喀喀……」的蟬鳴。

蟬的幼蟲
會在太陽下山後
開始羽化，
晚上長出翅膀。

牠們爲了自衛，
直到天亮之前
都會呈現這種
準備飛行的樣子。

經過4～5年的時間，
才終於能飛。

**加油！
每一隻蟬
都加油！**

牠們好像
無法馬上出來
的樣子耶！

嗯！
因爲很耗體力，
大概要花個
1～2個小時吧。

不會吧？

啊！
那一隻的翅膀
已經長出來了。

哇！好漂亮、
好神祕的顏色
喔！

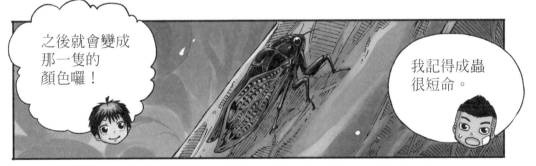

之後就會變成
那一隻的
顏色囉！

我記得成蟲
很短命。

是啊！
只能活一個月
左右吧。

這期間
還要留下後代，
昆蟲的世界
好嚴苛喔！

小知識　蟬是從晚上8點左右開始羽化。

牠們從好幾億年前，就重複做著同一件事。

為了延續生命囉！

大和！你將來也會羽化成昆蟲博士吧?!

哈哈！羽化……。

是啊！因為你真的很懂昆蟲。

嗯……成為博士也不錯，

但現在我更想……

  小知識 石蠅與毛翅的幼蟲棲息於乾淨的水中，是一種可以食用的蟲子。

 葉蟲的幼蟲和成蟲都是以葉子為食物，因此得名。

165

可惜這樣
就沒辦法仔
細觀察昆蟲了
……。

果然大一點
比較有
安全感啊！

總算變回
原來的
樣子了。

明明平常可以
走到的距離，
我們卻經歷了
一場大冒險！

沒想到在這麼
小的地方，
還有這麼
大的世界呢！

就是啊！

哈哈 哈 哈 哈哈

 小知識　有一種叫做耳蟬的昆蟲，因為牠的胸部像耳朵一樣突出來，也長得很像角鴞₊。　167

太好了！
一開始看你們
處不好，
我還很擔心呢！

我們已經成了
好朋友囉！

  小知識 紫燕不是鳥，而是灰蝶的同類，
因為紫燕的後翅膀有著像燕子尾巴般的突出，因此得名。

那我也該回去
我的星球囉！
可羅！

你真的
要回去嗎？

我們好不容易
變成好朋友
……。

你就再待
一陣子嘛！

不行啦！
因為我回去後
還有很多事情
要報告呢！

喀
！

能和你們
一起冒險，
真的好快樂！

嘶嗚嗚嗚！

可羅納！
我們還會
再見面吧?!

喔！

啪
咻！

  草蛉的卵很像印度傳說中，3百年才開一次，叫做「優曇華」的花。

放心，他留下一張名片，上面有SNS的ID。

他真的是宇宙人?!

大和……
小健……
桃代……

我們永遠都是好朋友喔！

我們再一起，

去昆蟲的世界冒險！

# 變態 昆蟲的重生

昆蟲有幼蟲與成蟲之分，所以身體會有很大的變化，這是我們人類與昆蟲的一大差異，而且昆蟲宛如會重生似的。

**蟬的羽化過程**

蟬的幼蟲約3～4年都是生活在土裡，只有夏天晚上會爬到地面。然後從咖啡色背部長出亮麗綠色翅膀，成蟲因此誕生。

**成蟲超短命**

全身變成咖啡色，翅膀長硬後就能飛了。雄蟬會發出蟬鳴求偶，而且成蟲活不到一個月。

## 昆蟲為何會變身？

昆蟲從卵孵化後，會歷經好幾次脫皮而成長，然後成為有繁衍後代的構造（生殖器）的成蟲。幾乎所有昆蟲的成蟲都有翅膀，這是為什麼呢？我們以蟬為例來想想吧。

蟬的幼蟲在土裡吸取樹根的汁液，度過漫長歲月。但是像這樣一直待在土裡的話，雄性和雌性很難相遇，所以蟬會爬到地面，變成擁有翅膀，發出求偶聲的成蟲。也就是說，昆蟲之所以羽化成為成蟲，是想藉由飛行提高遇見另一半的機率，繁衍後代。

像是蝴蝶、獨角仙等，從幼蟲變成成蟲，身體會產生非常大的變化。這些昆蟲在還是蛹的期間，會變成和幼蟲完全不一樣的模樣，是一段既非幼蟲，也不是成蟲的過渡時期。而且身體一旦分解，就成了濃湯般的模樣。

這正是昆蟲的重生。

## 金色的蛹
### 親子長得完全不像的大帛斑蝶

　　棲息於沖繩，日本最大的蝴蝶大帛斑蝶，幼蟲是黑黃條紋模樣，蛹則是金色的，然後成蟲的一對大翅膀則是黑白斑點模樣，讓人無法聯想是同一個個體，無論是顏色還是體態都有極大差異的昆蟲。

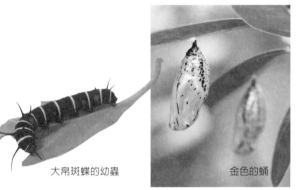

大帛斑蝶的幼蟲　　　　　　金色的蛹　　　　　　　　成蟲

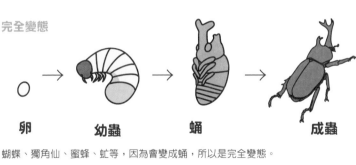

完全變態

卵　　　　幼蟲　　　　蛹　　　　　成蟲

蝴蝶、獨角仙、蜜蜂、虻等，因為會變成蛹，所以是完全變態。

不完全變態

卵　　　　幼蟲　　　　　　　　　成蟲

蟬、蜻蜓、蝗蟲、螳螂等，因為不會變成蛹，所以是不完全變態。

## 完全變態與不完全變態

　　昆蟲的形體改變，就叫做「變態」。有蛹的期間稱為「完全變態」，沒有蛹的期間叫做「不完全變態」。

　　好比山繭，變成蛹的期間會做「繭」，因為變成蛹的時候，無法自由活動，容易遭遇危險，所以繭是守護蛹的殼。

# 昆蟲的機智問答

這是出現在漫畫情節以及知識檔案中，
關於昆蟲的機智問答。
你能答對幾題呢？

解答在176頁

**問題 Q1** 關於昆蟲的形體，以下哪一個答案是正確的？

①有八隻腳　②所有的腳都是從腹部長出來

③大略分為頭、胸、腹三部分

**問題 Q2** 東亞飛蝗是用哪裡呼吸？

①肛門　②校門　③氣門

**問題 Q3** 螞蟻彼此之間是用什麼來溝通？

①賀爾蒙　②熊本熊　③費洛蒙

**問題 Q4** 從蚜蟲的臀部迸出來，
而且是螞蟻最喜歡的東西是什麼？

①甜甜的蜜　②屁　③汗

**問題 Q5** 蜂巢的房間是呈幾角形？

①五角形　②六角形　③八角形

**問題 Q6** 胡蜂的成蟲吃什麼？

①抓到的獵物　②幼蟲消化過的食物　③什麼也不吃

問題 Q7 ── **以下哪一種蜜蜂的身上有針？**

①雄蜂 ②雌蜂 ③只有蜂后有

問題 Q8 ── **獨角仙的角是哪一種形狀？**

 ①      ②     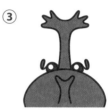 ③

問題 Q9 ── **鍬形蟲的「鍬形」是什麼意思？**

①耕田用的「鍬」 ②桑葉形狀
③像是武士頭上戴的頭盔的裝飾

問題 Q10 ── **螳螂吃什麼？**

①死掉的蟲 ②活的蟲子 ③枯葉

問題 Q11 ── **蟬的幼蟲吃什麼？**

①土 ②樹根的汁液 ③什麼也不吃

問題 Q12 ── **蟬是從幾點開始進行羽化？**

①早上5點 ②中午12點 ③晚上8點

國家圖書館出版品預行編目資料

科學驚奇探索漫畫2：昆蟲世界大逃脫 / 岡
島秀治監修；ミクニシン漫畫；楊明綺譯.
-- 初版. -- 臺中市：晨星，2017.06
　　面；公分. -- ( IQ UP；15 )

譯自：昆虫ワールド大脱出

ISBN 978-986-443-269-1（平裝）

1.科學　2.漫畫

308.9　　　　　　　　　　106006469

Q1 ③

Q2 ③

Q3 ③

Q4 ①

Q5 ②

Q6 ②

Q7 ②

Q8 ①

Q9 ③

Q10 ②

Q11 ②

Q12 ③

IQ UP 15

# 科學驚奇探索漫畫2- 昆蟲世界大逃脫
## 昆虫ワールド大脱出

| | |
|---|---|
| 監修 | 東京農業大學教授 岡島秀治 |
| 漫畫 | ミクニシン |
| 編集協力 | 銀杏社　入澤宣幸 |
| 譯者 | 楊明綺 |
| 責任編輯 | 陳品蓉 |
| 文字校對 | 陳品蓉　、　許仁豪 |
| 封面設計 | 王志峯 |
| 美術設計 | 王志峯 |
| 創辦人 | 陳銘民 |
| 發行所 | 晨星出版有限公司<br>台中市 407 工業區 30 路 1 號<br>TEL：(04) 2359-5820　FAX：(04) 2355-0581<br>E-mail: service@morningstar.com.tw<br>http://www.morningstar.com.tw<br>行政院新聞局局版台業字第 2500 號 |
| 法律顧問 | 陳思成律師 |
| 初版 | 西元 2017 年 06 月 15 日 |
| 郵政劃撥 | 22326758（晨星出版有限公司） |
| 讀者服務專線 | 04-23595819 # 230 |
| 印刷 | 上好印刷股份有限公司 |

定價 280 元

（缺頁或破損，請寄回更換）
ISBN　978-986-443-269-1
Konchu World Daidassyutsu!
© Gakken Education Publishing 2015
First published in Japan 2015 by Gakken Education Publishing Co., Ltd., Tokyo
Traditional Chinese translation rights arranged with Gakken Plus Co., Ltd.
through Future View Technology Ltd.
Traditional Chinese edition copyright © 2017 by Morningstar Publishing,Inc.
All rights reserved.
版權所有‧翻印必究

廣告回函
台灣中區郵政管理局
登記證第267號
免貼郵票

407 台中市工業區30路1號

# 晨星出版有限公司

TEL：（04）23595820　FAX：（04）23550581

e-mail：service@morningstar.com.tw

http://www.morningstar.com.tw

科學驚奇探索漫畫 2
昆蟲世界大逃脫

- - - - - - - - - - - - - - - - - - - 請延虛線摺下裝訂，謝謝！ - - - - - - - - - - - - - -

# 填問卷，送好書

凡詳填《科學驚奇探索漫畫2－昆蟲世界大逃脫》
讀者回函卡，並附上40元的郵票（工本費），即
可獲得好書乙本！

《黑暗之境2血脈之爭》

數量有限，送完為止

原價：220元

# IQ UP

**請留下詳細的聯絡資訊，才有辦法收到我們的贈書喔！**

姓名：＿＿＿＿＿＿＿　生日：＿＿年＿＿月＿＿日 □男 □女

電話：＿＿＿＿＿＿＿　手機：＿＿＿＿＿＿＿

E-mail：＿＿＿＿＿＿＿＿＿＿＿＿＿＿＿＿＿＿＿

地址：□□□＿＿＿＿＿縣／市＿＿＿＿＿鄉／鎮／市／區＿＿＿＿路／街

＿＿段＿＿巷＿＿弄＿＿號＿＿樓／室

本回函影印、傳真無效

- - - - - - - - - - 請延虛線摺下裝訂，謝謝！ - - - - - - - - - -

## 寫下你最喜歡哪一種昆蟲：

我最喜歡

＿＿＿＿＿＿＿

因為……